生活的滋味
自 然 风 物

吴昊天 绘

江西美术出版社

二月

阳历二月四日

农历正月十二日

别名　打春、立春节

立春

春季的开始

农历二十四节气中的第一个节气

太阳到达黄经315°

气温回升、大风降温

自然

风物

天气

Weather

——

日期

Date

——

风俗活动

给花树戴燕子胜帛条

三　侯

东风解冻；蜇虫始振；

鱼陟负冰

天气

Weather

——

日期

Date

——

家家户户
在门上张
贴迎春的
字画

花 草 茶

天 气

Weather

——

日 期

Date

——

风俗食物

春卷

二月

农历正月二十六日
阳历二月十九日

雨水

降雨开始，雨量渐增

一个反映降水现象的节气

太阳到达黄经330°

气温回升、冰雪融化、降水增多

自然

风物

天 气
Weather

日 期
Date

农事活动

培土施肥、清沟排水

养生

养护脾脏、锻炼身体

天气

Weather

——

日期

Date

——

食补

蜂蜜

雨水节的一个主要习俗是女婿去给岳父岳母送节。送节的礼品则通常是两把藤椅，上面缠着一丈二尺长的红带，被称为「接寿」，意思是祝岳父岳母长命百岁。送节的另外一个典型礼品就是「罐罐肉」：用沙锅炖了猪脚和雪山大豆、海带，再用红纸、红绳封了罐口，给岳父岳母送去。这是对辛辛苦苦将女儿养育成人的岳父岳母表示感谢和敬意。如果是新婚女婿送节，岳父岳母还要回赠雨伞，让女婿出门奔波，能遮风挡雨，也有祝愿女婿人生旅途顺利平安的意思

风俗食物

一罐肉

天 气

Weather

——

日 期

Date

——

三候

獭祭鱼；鸿雁来；草木萌动

三月

阳历三月五日
正月二月十二日
别名 启蛰

惊蛰

天气回暖，春雷始鸣

天气转暖，渐有春雷，标志着仲春时节的开始

太阳到达黄经345°

雨水渐多，乍寒乍暖

自然

风物

天 气

Weather

——

日 期

Date

——

养 生

应顺肝之性，助益脾气

风俗活动

蒙鼓皮

食补

苦瓜

三月

阳历三月二十日

农历二月二十七日

别名　仲春之月

春分

昼夜几乎相等

是春季九十天的中分点

太阳到达黄经0°

春旱、沙尘、倒春寒、低温阴雨

自然

风物

天气

Weather

——

日期

Date

——

食补

豆芽

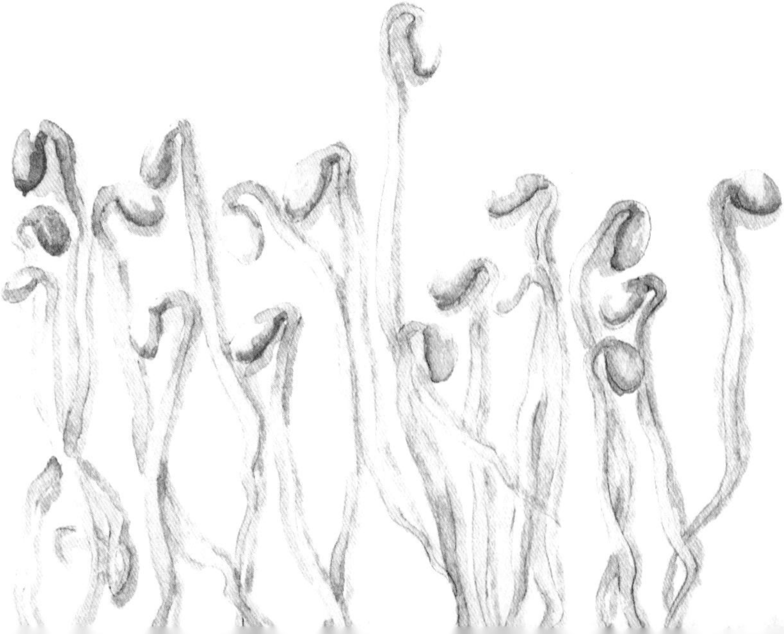

谚语

立春阳气转，雨水雁河边；惊蛰乌鸦叫，春分地皮干

春分有雨到清明，清明下雨无路行

春分不暖，秋分不凉

吃了春分饭，一天长一线

天气

Weather

——

日期

Date

——

养生

注意保持人体的阴阳平衡状态

风俗活动

簪花喝酒

四月

阳历四月四日
农历二月十二日

清明

以扫墓、祭拜等形式纪念祖先

在仲春与暮春之交，也就是冬至后的第一百〇八天

太阳到达黄经15°

气温转暖，降水增多

自然

风物

天 气

Weather

日 期

Date

风俗活动

斗鸡

食补

橘

天 气

Weather

——

日 期

Date

——

风俗食物

米 粄

三候

桐始华；田鼠化为鴽；虹始见

天 气

Weather

——

日 期

Date

——

养生

护肝养肺，宜进温补，避「发物」、酸性食物

四月

阳历四月十九日
农历三月二十七日

谷雨

寒潮天气基本结束，气温回升加快

是春季最后一个节气，名称源自古人「雨生百谷」之说

太阳到达黄经30°

降水明显增多

自然

风物

天气

Weather

——

日期

Date

——

草菇豆腐羹

材料

主料：嫩豆腐两百克，面筋十五克，水发草菇一百克，绿菜叶五十克，笋片五十克

调料：精盐、味精、姜末、麻油、湿淀粉、生油、鲜汤

做法

1 将嫩豆腐、笋片都切成小丁。水发草菇去杂洗净切成小丁。绿菜叶洗净切碎

2 炒锅下油烧至八成热，加入鲜汤、精盐、豆腐丁、草菇丁、笋丁、面筋丁、姜末、味精，烧沸后加入绿菜叶，再沸用湿淀粉勾芡，淋上麻油，出锅装入大汤碗

功效

此菜以豆腐、草菇、竹笋等食物为主料，具有滋补养胃、降压、降脂，化痰、抗癌的作用。适用于高血压、高血脂、冠心病、癌症，或脾胃虚弱、饮食不振、痰多咳嗽等病症患者的辅助食疗菜肴

天气

Weather

——

日期

Date

——

谚语

清明早，小满迟，谷雨立夏正相宜

谷雨过三天，园里看牡丹

食补

菠菜

天气

Weather

——

日期

Date

——

风俗食物

谷雨茶、香椿

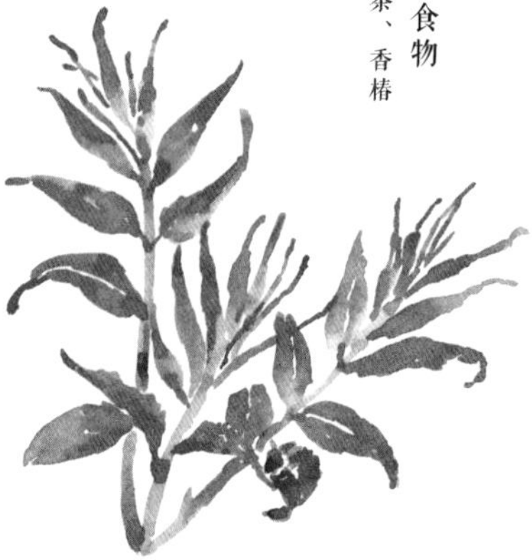

风俗活动

祭海、禁蝎、赏花

五月

阳历五月五日
农历四月十二日

立夏

告别春天，夏天的开始

夏季的第一个节气，表示盛夏时节的正式开始，斗指东南，维为立夏，万物至此皆长大，故名立夏也

太阳到达黄经45°

炎暑将临，雷雨增多

自然

风物

天 气

Weather

——

日 期

Date

——

风俗食物

嫩蚕豆、立夏饭、立夏蛋、光饼

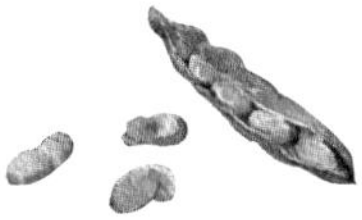

天气
Weather

——

日期
Date

——

食补

少量酒

蔬菜

水果

豆制品

粗粮

消暑食品

风俗活动

斗蛋游戏、尝新活动、立夏秤人

天 气

Weather

——

日 期

Date

——

三 候

蝼蝈鸣；蚯蚓出；王瓜生

桂圆粥

材料

用料大米二百五十克，糯米四百克，桂圆一百八十克，红枣五十克，水一万四千克，白糖四百五十克

做法

1 将两种米混合，桂圆、红枣等原辅材料，分别用水淘洗干净待用

2 锅中加水一万四千克烧开，下入混合后的两种米，大火煮二十五分钟后，下桂圆、大枣再煮二十分钟，改小火煮十五分钟，即可出锅

3 改小火后要勤搅动锅底，以防粘锅。制作中途不要加水。且过程中要观察稀稠度，调节火力大小

五月

阳历五月二十日
农历四月二十八

小满

谷物开始饱满，但尚未成熟

其含义是夏熟作物的籽粒开始灌浆饱满，但还未成熟，只是小满，还未大满的意思

太阳到达黄经60°

南北温差缩小，降水增多

自然

风物

天气

Weather

——

日期

Date

——

谚语

小满小满，麦粒渐满

小满麦渐黄，夏至稻花香

食补

冬瓜

豆芽蛤蜊汤

材料

黄豆芽一百克，蛤蜊一百克，姜丝少许，足量的水，
鱼露两小匙，柴鱼精粉两小匙，
料理米酒一小匙，葱花少许，香油少许

做法

1. 将蛤蜊用热水汆烫致使其开口后，就要马上捞出蛤蜊，并用清水冲洗掉带沙脏污部分备用
2. 取一锅，放入足量的水于锅内煮沸后，再继续放入黄豆芽、蛤蜊、姜丝、鱼露、柴鱼精粉、料理米酒以中火续煮三分钟后熄火，食用时再放入葱花和麻油即可

风俗食物

苦菜

六月

阳历六月五日
农历四月十四日
别名　忙种

芒种

农作物成熟，农民开始播种

此时中国长江中下游地区将进入多雨的黄梅时节

太阳到达黄经75°

雨量充沛，气温显著升高

自然

风物

天 气

Weather

——

日 期

Date

——

食补

木耳

天气

Weather

——

日期

Date

——

风俗食物

青梅

酸梅汤银杏蒸鸭

材　料

银杏一百克，白鸭一只，猪肘肉二百五十克，绍酒、清汤、生姜、葱、食盐、花椒、胡椒粉、味精各适量

做　法

1 将银杏捶破去壳，在开水内煮熟。姜、葱洗净切段

2 将鸭宰杀后，洗净，除去内脏。用食盐、胡椒粉、绍酒将鸭身内外抹匀，放入盆中，加入生姜、葱、花椒腌渍一小时取出。用刀从脊背处宰开，去净全身骨头，铺入碗内，齐碗口修圆

3 修下的鸭肉切成银杏大小的丁，同银杏和匀，放入鸭脯上

4 将猪肘也切成银杏大小的丁，放在鸭的周围，注入清汤，上笼蒸二至三小时装盘

5 将清汤放入锅中烧沸，加余下的绍酒、食盐、味精、胡椒粉，用湿淀粉少许勾薄芡，浇在鸭肉上即成

天 气

Weather

——

日 期

Date

——

三 候

螳螂生；鵙始鸣；反舌无声

谚语

五月十三，不雨直干

吃了端午粽，寒衣不可送

六月

阳历六月二十一日
农历五月一日
别名　夏节、夏至节

夏至

炎热将至

太阳的转折点，这一天太阳直射地面的位置到达一年的最北端，几乎直射北回归线，此时，北半球各地的白昼时间达到全年最长

太阳到达黄经90°

暴雨、高温、潮湿、梅雨天气

自然

风物

天 气
Weather
——
日 期
Date
——

参七鸡汤

材料

鸡腿肉两份、人参三钱（吉林参或东洋参）、川三七二钱、枸杞三钱、红枣五颗、盐一小匙、酒半碗

做法

1. 鸡肉剁块、洗净、汆烫备用
2. 先将中药材放入电锅，加二至三碗水，外锅放一米杯水，炖煮药汁
3. 药汁煮好后，再将鸡肉、半碗酒放入锅内，并加水淹过材料，外锅放七米杯水，继续炖煮，炖好之后闷半小时，加盐调味即可食用

馄饨

材料

猪腿肉一块、

馄饨皮适量、

紫菜适量、虾皮适量

做法

1 猪腿肉切小块，放入料理机里绞打成肉末

2 生姜切丝用温水浸泡，猪肉馅里加一个鸡蛋、适量盐、糖、生抽、蚝油、葱末

3 生姜水倒入肉馅中，将猪肉馅搅拌好

4 下面就是包馄饨了，我这个是最简单的包馄饨法，就是馅料放皮中间，四周随意捏一下

5 紫菜、虾皮洗净，待用

6 锅里倒高汤（或水），下紫菜和虾皮煮沸

7 下馄饨煮熟，再淋一些麻油，调以适量盐，撒葱花即可

天 气
Weather
——
日 期
Date
——

风俗食物

凉 面

三候

鹿角解；蝉始鸣；半夏生

七月

阳历七月六日

农历五月十六日

小暑

天气开始炎热

表示夏季时节的正式开始

太阳到达黄经105°

气温升高，进入伏旱期

自然

风物

天气
Weather

——

日期
Date

——

食补

莲子、绿豆芽、红豆

风俗活动

天贶节

酸梅汤

材料

乌梅三十克、山楂干五十克、陈皮十五克、甘草三克

做法

1 将全部材料用清水洗去浮尘，将洗净的材料用清水浸泡半小时

2 连水一起倒入电饭锅中，再加入足量的水，煮四十分钟左右，盛出汤水，再加清水煮一次

3 放入冰糖，用勺子搅拌一下，煮至水再开一次，滤除残渣，将两次的汤水兑在一起晾凉，转入冰箱冷藏即可食用

三候

温风至；蟋蟀居宇；鹰始鸷

天 气

Weather

——

日 期

Date

——

七月

阳历七月二十二日
农历六月二日

大暑

一年中最热的时期

大暑，是一年中最热的日子

太阳到达黄经120°

高温酷热

自然

风物

天气
Weather

——

日期
Date

——

风俗食物

饮伏茶、吃凤梨、竹筒冷面

养　生　补脾健胃，消暑生津

绿豆糯米粥

材料

糯米一百五十克，绿豆一百克，红糖适量

做法

1 先将糯米、绿豆洗净

2 锅里加适量水，放入糯米和绿豆煲两小时成粥

3 最后加红糖煲滚后即可食用

食补

猕猴桃、菠萝、啤酒

天 气

Weather

日 期

Date

三候

腐草为萤；土润溽暑；大雨时行

八月

阳历八月七日
农历六月十八日

立秋

秋季开始，暑去凉来

秋天的第一个节气，标志着孟秋时节的正式开始

太阳到达黄经135°

秋老虎，之后天气逐渐凉爽

自然

风物

天气
Weather

——

日期
Date

——

风俗活动

晒秋节、秋忙会、贴秋膘、啃秋、秋社

风俗食物

西瓜、四季豆、辣椒

栗子炖白菜

材料

栗子、白菜、食用油、盐、高汤

做法

1 将栗子去皮，切成两半；白菜切成长段

2 锅中放入适量油，加白菜炒一下，然后加入栗子、高汤（没有可放清水）、适量盐

3 煮至白菜、栗子熟透即可

三候

凉风至；
白露生；
寒蝉鸣

八月

阳历八月二十二日
农历七月四日
别名 出暑

处暑

表示炎热暑期即将过去

处暑，是炎热要离开的意思

太阳到达黄经150°

气温下降，秋老虎，雷暴

自然

风物

天气

Weather

——

日期

Date

——

芡实百合鸭

食材

鸭子、百合、芡实、姜和盐

一家四五口人，一只整鸭为好

做法

1. 将百合和芡实洗净
2. 将宰好的鸭子切块，氽水捞起
3. 煮沸的清水倒入炖盅，放入所有材料
4. 隔水炖上两个小时，下盐调味就一切完备了

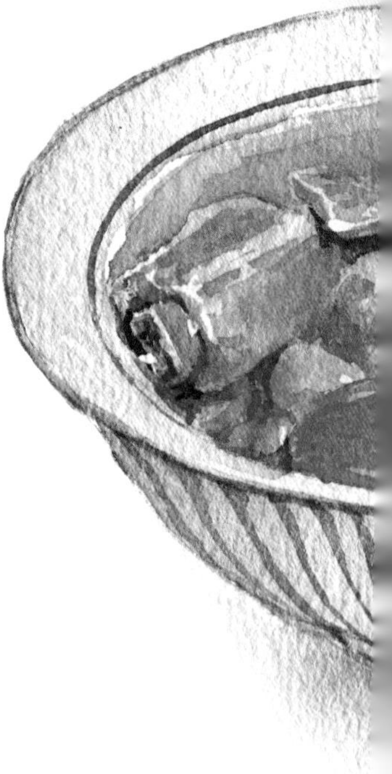

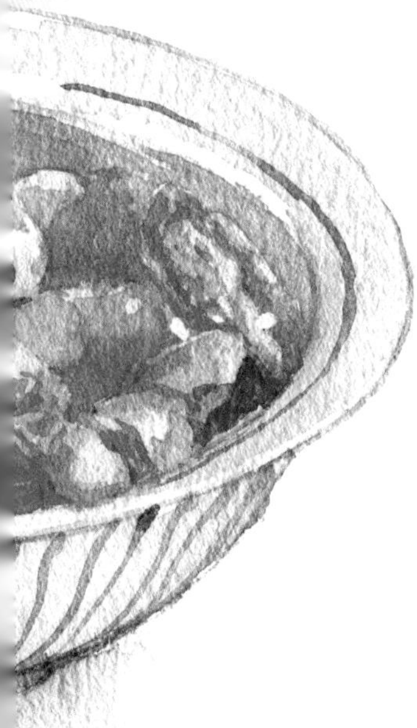

天气
Weather

日期
Date

风俗活动

放河灯、开渔节、泼水习俗

三　候　鹰乃祭鸟；天地始肃；禾乃登

九月

阳历九月七日
农历七月二十日

白露

天气已经转凉

天气转凉了，清晨时分发现地面和叶子上有许多露珠，白露之名当如此而来

太阳到达黄经165°

气温迅速下降、绵雨开始

自然

风物

天气
Weather

日期
Date

风俗食物

清茶、米酒、龙眼、番薯、白露米酒

三候

鸿雁来；玄鸟归；群鸟养羞

柚子鸡

食材

柚子（越冬最佳）一个，公鸡一只，精盐适量

做法

公鸡去毛、内脏洗静，柚子去皮留肉。将柚子放入鸡腹内，再放入气锅中，上锅蒸熟，出锅时加入精盐调味即可

风俗活动

祭禹王、白露茶

九月

阳历九月二十二日
农历八月六日

秋分

表示秋季中间，昼夜等长

从今天开始入秋了

太阳到达黄经180°

昼夜温差逐渐加大，气温逐日下降

自然

风物

天 气

Weather

——

日 期

Date

——

风俗活动

祭月、吃秋菜、放风筝

天气

Weather

日期

Date

三候

雷始收声；蛰虫坯户；水始涸

养生

阴平阳秘、收敛闭藏

罗汉果百合鸡汤

材料

鸡三百克、罗汉果半个、干百合三十克、红枣六个、葱、姜、盐

做法

将鸡剁成段后，飞水焯烫去血沫，捞出备用。罗汉果、百合、红枣分别洗净备用。将鸡块、罗汉果、百合、红枣、葱、姜丝放入汤煲中加入适量清水，大火煮开后，小火煲煮两小时，喝时根据口味加盐调味即可

食补

百合、大枣、红薯、枸杞

天 气

Weather

——

日 期

Date

——

十月

阳历十月八日
农历八月二十二日

寒露

秋季的正式开始

寒露，气温比白露时更低

太阳到达黄经195°

气温下降，露水更凉

自然

风物

天气

Weather

——

日期

Date

——

风俗食物

饮菊花酒

油酱毛蟹

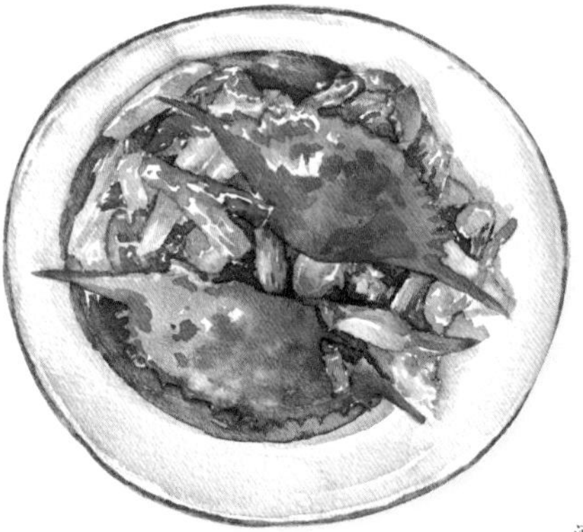

食材

河蟹五百克（海蟹亦可），姜、葱、醋、酱油、白糖、干面粉、味精、黄酒、淀粉、食油各适量

做法

将蟹清洗干净，斩去尖爪，蟹肚朝上齐正中斩成两半，挖去蟹鳃，蟹肚被斩剖处摸上干面粉。放油，将锅烧至五成熟，将蟹（抹面粉的一面朝下）入锅煎炸，待蟹呈黄色后，翻身再炸，使蟹四面受热均匀，至蟹壳发红时，加入葱姜末、黄酒、醋、酱油、白糖、清水、烧八分钟左右至蟹肉全部熟透后，收浓汤汁，入味精，再用水淀粉勾芡，淋上少量明油出锅即可

三候

鸿雁来宾；雀入水为蛤；菊有黄华

十月

阳历十月二十三日
农历九月七日

霜降

天气渐冷、开始降霜

是秋季的最后一个节气，含有天气渐冷、初霜出现的意思，也意味着冬天即将开始

太阳到达黄经210°

天气更冷了，露水凝结成霜

自然

风物

天 气
Weather

——

日 期
Date

——

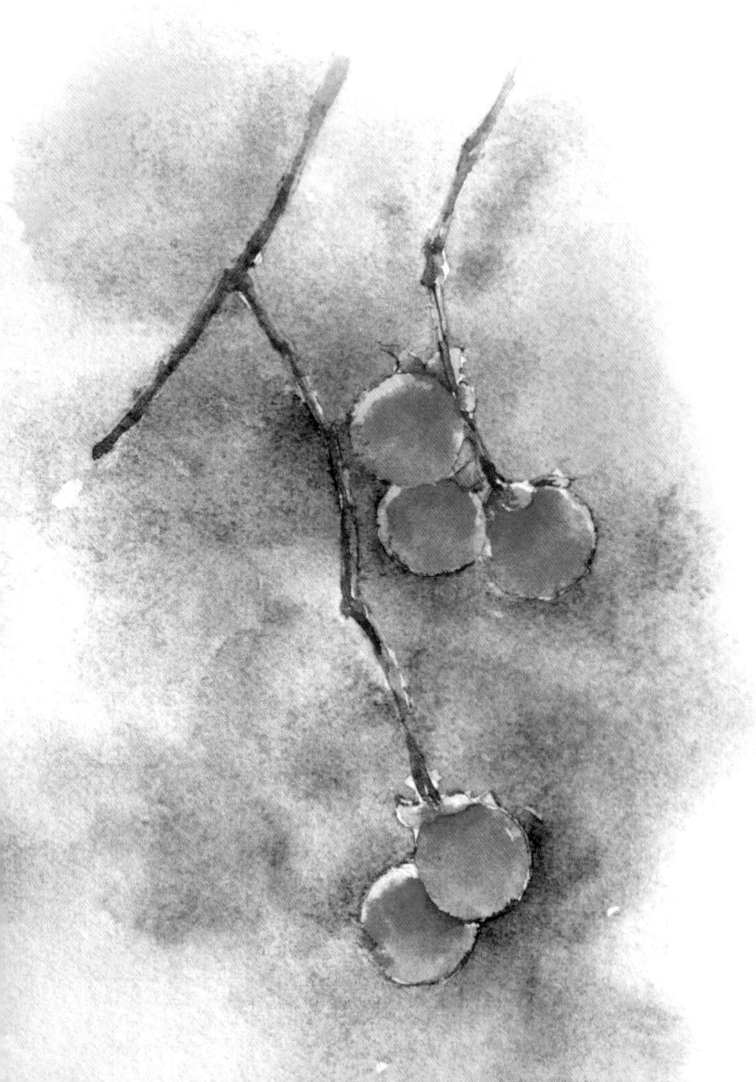

食补

苹果、橄榄、白果、洋葱、芥菜、萝卜、栗子

天气
Weather

日期
Date

白果萝卜粥

食材

白果六粒，白萝卜一百克，糯米一百克，白糖五十克

做法

1. 萝卜洗净切丝，放入热水焯熟备用
2. 先将白果洗净与糯米同煮，待米开花时倒入白糖文火再煮十分钟，拌入萝卜丝即可出锅食之

天 气

Weather

——

日 期

Date

——

风俗活动

赏菊、扫墓、吃柿子、祭旗纛、习战射

十一月

阳历十一月七日
农历九月二十二日

立冬

表示冬季开始

立冬，"冬"是终了的意思，有农作物收割后要收藏起来的含意

太阳到达黄经225°

偏北风加大，气温迅速下降，下雪

自然

风物

天气

Weather

日期

Date

养

生

滋阴潜阳、少食生冷

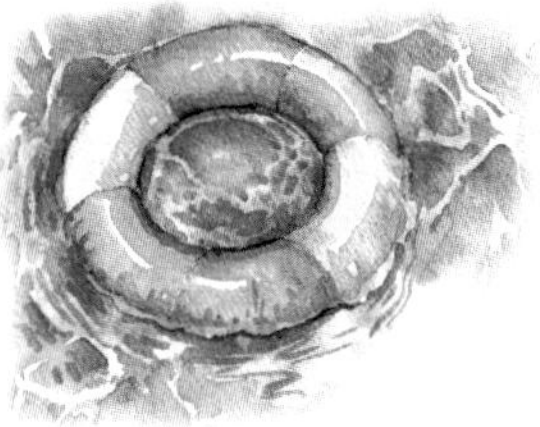

风俗活动

冬泳、贺冬

天 气

Weather

日 期

Date

风俗食物

饺子、羊肉汤

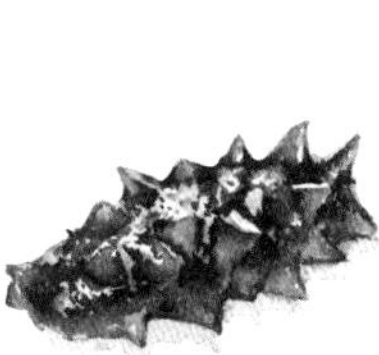

天 气

Weather

——

日 期

Date

——

十一月

阳历十一月二十二日
农历十月八日

小雪

降水形式由雨变为雪

每晚八点以后，若至户外观星，可见北斗星西沉，仙后升空，四边形的飞马座正挂空中，而冬季星空的标识——猎户座也已在东方地平线探头儿了

太阳到达黄经240°

气温逐步达到0℃以下

自然

风物

板栗炖猪肉

食材

猪瘦肉五百克，栗子三百克，葱、姜少许，料酒、砂糖、酱油适量

做法

1. 将猪肉切成小方块，栗子剥皮
2. 锅中放油与砂糖炒成黄红色，加入酱油，放入猪肉、栗子、葱、姜、料酒同煮，至肉软时即可

功效

补肾强筋，健脾益气

养生

合理饮食、温补益肾

天气

Weather

——

日期

Date

——

风俗食物

糍粑、吃刨汤、晒鱼干

食补
腰果、芡实、山药、栗子、白果、核桃

三候
虹藏不见；天气上升；闭塞成冬

天气

Weather

——

日期

Date

——

风俗活动

腌制腊肉

十二月

阳历十二月七日
农历十月二十三日

大雪

天气变冷、雪量增大

大雪，标志着仲冬时节的正式开始

太阳到达黄经255°

气温将显著下降，天气寒冷

自然

风物

天气
Weather

日期
Date

橘桂姜茶

材料
茶叶、橘皮、桂皮、茴香、鲜姜各适量

做法
将前四味各取适量，鲜姜三至五片，加清水煮开，或用沸水冲泡浸焖后取汁

功效
温中散寒，行气健脾

风俗活动

观赏封河、腌制「咸货」

十二月

阳历十二月二十一日
农历十一月七日
别名 数九、冬节、长至节、亚岁

冬至

寒冷将至

冬至，是二十四节气中最早制订出的一个，早在二千五百多年前的春秋时代，中国就已经用土圭观测太阳，测定出了它

太阳到达黄经270°

暴雪、低温

自然

风物

天 气

Weather

——

日 期

Date

——

风俗食物

水饺、汤圆、羊肉汤、冬酿酒、麻糍、冬至面

天麻炖乌鸡

材料 乌鸡一只（约七百五十克），天麻二十五克，川芎、白茯苓各十克，姜片五克，料酒十克，精盐适量，香菜段少许

做法 乌鸡放入冷水中，烧开，焯去血沫，将中药洗净，放入鸡腹中，用线缝好口。把乌鸡放入砂锅内，加入姜片、料酒和适量水，烧开后用小火炖约一小时，放精盐再炖约二十分钟至材料熟烂，撒上香菜段即可

功效 乌鸡舒经活血、调节内分泌等功效，对老年女性大有益处。天麻、川芎、茯苓对神经衰弱的头昏、头痛、失眠等，均有辅助治疗之效，既能平肝熄风止痛，又能滋养镇静安神，与乌鸡等配合，补虚作用颇为明显

风俗活动

享祀先祖，官放关扑

天气

Weather

——

日期

Date

——

食补

坚果、梨、生姜、黑米、羊肉、猪肉、鲫鱼

一月

阳历一月五日
农历十一月二十二日

小寒

开始进入一年中最寒冷的日子

小寒，一年中最寒冷的日子到了

太阳到达黄经285°

大风降温，雨雪，气温最低

自然

风物

红焖羊肉

材料

羊后腿肉一千克，胡萝卜两根，白萝卜半根，辣酱一百二十克，干辣椒三只，白胡椒粉茶匙（五克），大料两茶匙（十克），桂皮一汤匙（十五克），枸杞一汤匙（十五克），盐茶匙（十克），鸡精一茶匙（五克），蒜碎四茶匙（六十克），红枣五十克，姜片五十克，大葱段五十克，草果三枚，香叶两片，生抽一百毫升，料酒两百毫升，油两汤匙（三十毫升）

做法

1. 将羊后腿肉洗干净，切成小方块状。胡萝卜和白萝卜去皮，切成滚刀块
2. 锅中放入适量的清水，烧沸后将羊肉块放入焯两分钟（为了让血水血沫析出），捞出再用干净的热水反复冲洗干净，并且控干水分
3. 大火加热锅中的油，待烧至七成热时将大葱段、蒜碎和姜片放入爆香，随即放入焯好的羊肉块，并烹入料酒，翻炒三分钟，然后迅速下入辣椒酱和生抽，将羊肉炒至上色
4. 把炒好的羊肉移入砂锅中，并加入大料、桂皮、草果、香叶和没至羊肉的清水，用中火烧开后撇去浮沫
5. 再下入盐、白胡椒粉、胡萝卜块、白萝卜块、红枣、枸杞，加盖用小火焖烧五十分钟即可

天气

Weather

日期

Date

风俗食物

菜饭、糯米饭

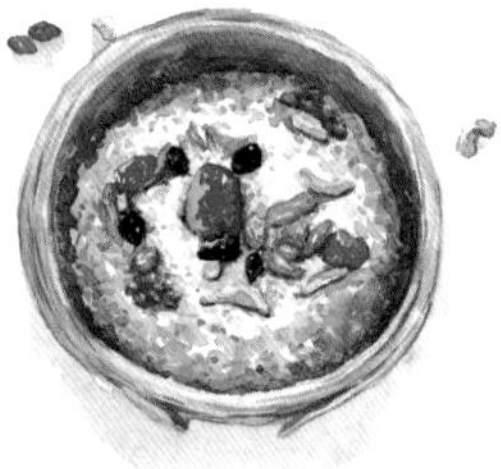

食补

鳟鱼、辣椒、肉桂、花椒

天 气

Weather

——

日 期

Date

——

三候

雁北乡；鹊始巢；雉始雊

一月

农历十二月八日
阳历一月二十日

大寒

天气严寒，最寒冷的时期到来

大寒，一年中最后一个节气

太阳到达黄经300°

雨雪天气、大风降温

自然

风物

天气
Weather

日期
Date

八宝饭

材料

糯米一百克、大米一百克、赤小豆五十克、薏米五十克、莲子二十克、枸杞子二十克、桂圆肉二十克、大枣五十克

做法

将赤小豆、薏米、莲子用清水洗净，浸泡两小时，再加入糯米、大米等，用旺火蒸熟，加白糖适量食用

三候

鸡乳；征鸟厉疾；水泽腹坚

天 气

Weather

——

日 期

Date

——

天气

Weather

——

日期

Date

——

风俗食物

腊八粥